AF582323

DE LA

TRANSPLANTATION,

DE LA

NATURALISATION,

ET DU PERFECTIONNEMENT DES VÉGÉTAUX.

DE LA

TRANSPLANTATION,

DE LA

NATURALISATION,

ET DU PERFECTIONNEMENT DES VÉGÉTAUX.

Par M. le Baron de TSCHUDY.

A LONDRES,

Et se trouve

A PARIS,

Chez { M. LAMBERT, Imprimeur-Libraire, rue de la Harpe, près Saint Côme.
P. F. DIDOT le jeune, Libraire, Quai des Augustins.

M. DCC. LXXVIII.

DE LA TRANSPLANTATION,

DE LA NATURALISATION,

ET DU PERFECTIONNEMENT DES VÉGÉTEAUX (*a*).

AVANT que l'Occident & le Nord de la terre euſſent des communications avec l'Orient, ces vaſtes contrées, ſous un ciel dur & nébuleux, ne préſentoient qu'un eſpace immenſe couvert de landes, de forêts, de débris, & pour ſeules reſſources des glands & quelques baies ſauvages & acerbes; tous nos fruits, tous nos grains, tous nos légumes nous ſont venus du Levant, & c'eſt l'Aſie qu'on voit encore en Europe. A peine y trouvons-nous quelque végétal qui y ſoit naturel, rien qui n'y ait été apporté, transplanté, acclimaté. D'abord toutes ces plantes exotiques n'y réussirent pas également, plusieurs dûrent résister aux premières épreuves, & ce ne fut sans doute qu'après des tentatives réitérées, & à mesure que le climat devint plus doux par l'essart des bois, le desséchement des eaux, l'habitation & la culture ; ce ne fut, dis-je, qu'alors que ces productions adoptèrent un sol & un ciel étrangers ; grand exemple, succès indubitable & confirmé par le temps, dont nous goûtons les fruits, dont nous savourons les douceurs, & qui est plus propre que tous les raisonnemens du monde à nous engager à en tenter de nouveaux.

On ne tire un végétal d'un endroit, on ne le transplante que pour l'établir & le fixer ailleurs. Quelque près du lieu de sa naissance que se trouve sa nouvelle demeure, il se rencontre le plus souvent dans les propriétés du ſol & dans les aſpects, des différences aſſez grandes pour lui faire éprouver dans ce changement quelque eſpèce de répugnance qu'il ne peut ſurmonter que par l'habitude ; ainſi l'objet de la tranſplantation eſt de le naturaliſer. Et quand les lieux ſont très-diſtans, quand les ſols & les températures ont des différences plus marquées, ce n'eſt que le même objet aggrandi par la plus grande difficulté qui s'y trouve

On peut ranger les arbres, les arbuſtes, les plantes, ſous pluſieurs grandes diviſions, ſuivant leurs rapports avec les différentes eſpèces de ſol. Un certain nombre, pourvues de racines robuſtes, aiment à vaincre la réſiſtance d'une terre forte, & à puiſer les ſucs qui y abondent. Une infinité s'accommodent mieux d'une terre moyenne ; d'autres préférent une terre ſèche & ſabloneuſe. Il en eſt qui croiſſent plus volontiers dans les ſablons mêlés d'une argile douce, plusieurs semblent choisir les sols où des lits de pierre ou de rochers laissent échapper des eaux & retiennent la chaleur ; il s'y en trouve qui veulent au-dessous de leurs racines une terre glaise qui conserve l'eau comme un vase, & au-dessus une terre pénétrable & poreuse ; enfin on en voit qui demandent absolument ce terreau végétal noir & leger où croissent les hautes bruyères.

Il n'y a guères que ces derniers, & ce ne sont que des arbustes ou des plantes assez chétives, qui ne puissent réussir par quelque moyen dans une autre espèce de terre, & quoiqu'il n'y en ait pas qui ne souffre à un certain point si on les fixe dans un sol opposé au leur, il s'y en trouve beaucoup d'assez indifférens sur la nature du terrein, & un plus grand nombre qui ne sont pas tellement propres à tel sol particulier, qu'on ne parvienne à les accoutumer à une terre différente, pourvu qu'il y ait quelque analogie, & qu'on leur prépare des passages doux & gradués.

On ne leur en peut ménager de plus convenables, de plus insensibles, qu'en les prenant dès le germe pour les établir dans l'habitation qu'on leur destine, bien entendu qu'on mêlera dans la terre locale quelque terre légère, qui en puisse favoriser le développement, en imbibant, en gonflant la semence; les sucs de cette terre se mêlent d'abord au lait végétal dont elle nourrit le faible embryon; bientôt il les puisera lui-même par sa tendre radicule, quoique non encore entièrement privé de ceux qu'il reçoit des lobes attendris & réduits en une espèce d'émulsion; peu-à-peu les lobes s'épuisent, se dessèchent, insensiblement la radicule acquiert sa première extension; sevrée par dégré, la plante a déjà pris quelque goût & quelque habitude pour le ſol qui l'a nourrie ; mais depuis cette première époque juſqu'au moment où les racines parvenues à toute leur conſiſtance ſe ſont fortement entrelacées dans le terrein dont elles s'emparent, par combien de nuances encore ne voit-on pas paſſer l'arbre, pour arriver au terme où ſa conſtitution ſoit miſe en balance avec ſa nourriture ; c'eſt-à-dire, où il s'y trouve entièrement habitué.

Ainſi par des effets gradués & répetés ſans ceſſe ſur des organes ſouples & lians, vous voyez peu-à-peu céder & diſparoître la répugnance d'une plante, qui auroit oppoſé une réſiſtance invincible, ſi vous l'euſſiez heurtée ſans ménagement ; toutes les fois donc qu'on ne pourra, par des ſemis à demeure, établir les différentes eſpéces de végétaux dans les différens ſols qu'on veut qu'ils habitent, au moins faudra-t-il leur donner, dès les premiers momens de leur existence, une nourriture analogue à celle qu'ils y doivent puiser un jour; la terre de ces sols doit être mêlée à des doses toujours plus fortes dans les semis & pépinières où le cours de leur éducation les fera passer successivement, à moins qu'on ne préfère d'établir ces pépinières dans quelques cantons de ces sols mêmes.

Que les végétaux puissent, jusqu'à un certain point, s'accoutumer à un sol différent de celui qui leur est propre, c'est un fait dont on a bien des preuves. Nous avons vu des peupliers plantés dans un terrein bas & souvent inondé, languir & perdre leurs feuilles dans les grandes sécheresses, lorsqu'en même-temps ceux qu'on avoit plantés en des lieux secs conservoient leur verdure & leur fraîcheur ; & des arbres de marais, des aulnes que nous avons élevés de semence dans une terre commune & élevée, plus ſeche qu'humide, ne laiſſent pas d'y croître très-bien.

En vain l'on auroit réduit un végétal à ſe contenter de la qualité & du fond de terre qu'on lui a donné, ſi l'on ne pouvoit également eſpérer de lui faire ſurmonter les influences contraires d'une température nouvelle. Mais tout conduit à croire qu'on peut y parvenir juſqu'à un certain point, ſur-tout lorſque l'on examine combien ſous la même atmoſphère il prend l'habitude des différentes poſitions où il ſe trouve. Une plante qui a été élevée à l'ombre, & toujours environnée de fraîcheur, vous la verrez ſe flétrir, languir, & quelquefois ſuccomber, ſi vous l'expoſez tout-à-coup en un lieu chaud & découvert; au contraire, ſi vous la faites paſſer dans un lieu plus frais & plus ombragé où toute autre auroit péri, elle ſeule y pourra croître & ſubſiſter. Un arbre qui a paſſé ſes premières années à l'exposition du Levant, qui rebuteroit le Midi si on l'y plaçoit sans gradation, n'en sera que plus propre à braver des expositions plus froides.

Pour s'accoûtumer à ces différens aspects naturels ou artificiels qui forment dans le même climat comme autant de climats particuliers, il faut que la plante subisse dans sa constitution quelque altération progressive, quelque nouvelle composition qui la mette en état de les affronter.

De savoir jusqu'à quel point sa fibre, ses vaisseaux, ses liqueurs pourroient se prêter, dans les différentes espèces, à un changement gradué de température, c'est ce dont on ne peut s'assurer que par une longue suite d'expériences; mais quand il seroit indubitable qu'on dût enfin rencontrer un terme où la Nature, se retranchant dans ses limites, résisteroit opiniâtrement à ces épreuves, ce terme n'eſt point connu; c'eſt une borne qu'il faudroit poſer avec quelque juſteſſe, pour meſurer l'étendue de la docilité du végétal, & de notre pouvoir ſur lui. Si l'on n'a pu, par exemple, dans nos pays ſeptentrionaux, faire ſupporter plus de ſept dégrés de froid aux orangers, quoiqu'ils y ayent été apportés il y a fort long-temps, & qu'on les ait nombre de fois multipliés & remaniés dans nos ſerres, on trouvera néanmoins que ceux qu'on nous apporte annuellement d'Italie, ſouffrent à peine cinq dégrés; & cette différence eſt précisément la meſure de ce que l'oranger peut gagner de dureté à la gélée: on parviendra donc à acclimater entièrement tout végétal qui n'oppoſera que cinq degrés de réſiſtance, ou, ce qui revient au même, qui cédera de deux degrés aux influences de l'atmoſphère, dans les climats dont le froid ne paſſe pas ſept degrés, ainſi du reſte;

mais nous pouvons porter plus loin nos eſpérances, en portant plus loin nos ſoins.

Jetons un coup d'œil ſur cette nouvelle carrière.

Si vous bornez vos deſſeins à habituer au climat le ſeul individu, prenez l'arbre à cinq ou ſix ans pour l'y expoſer peu-à-peu ; préférez même pour cette expérience au plant provenu de graine, celui qui a été multiplié de marcotte & de bouture, & dont le bois & l'écorce ont plus de conſiſtance ; continuez de le multiplier par cette voie, & vous le verrez s'endurcir peu-à-peu ; mais ſi vous étendez vos vues, ſi vous formez le deſſein d'acclimater l'eſpèce, ou ce qui revient au même, d'en obtenir une génération ou une race acclimatée, rejetez avec ſoin les ſujets venus d'une longue ſuite de multiplications par les marcottes & les boutures ; ils finiſſent par ne plus donner de graines fertiles, & c'eſt toutefois aux ſemences qu'il faut encore avoir recours pour remplir ces nouvelles vues.

Un arbre provenu de graine greffé ſur un ſujet venu auſſi de graine, ſur un ſujet d'eſpèce analogue, indigène & dure au froid, eſt, quand on le peut, l'individu qu'il faut choiſir pour premier générateur. Ce ſont ces ſémences dont il faut d'abord faire uſage, elles ont déjà reçu du climat, par l'arbre dont elle proviennent par elles-mêmes & par le ſuc nourricier de la greffe, quelque impreſſion favorable, quelque diſpoſition à produire des individus acclimatés ; ces impreſſions, ces modifications venant à ſe répéter ſur la ſemence & ſur les arbres provenus de ceux-ci, en continuant de les propager par la voie des ſemis, on parviendra ſans doute à les acclimater toujours davantage.

Ce n'eſt pas tout, nous n'avons vu que

que des effets généraux & uniformes de la température ſur la maſſe des ſemences provenues de cette tige & de cette filiation ; mais il s'y en peut trouver quelqu'une ſur qui l'action du climat, appuyant davantage, aura fortement imprimé ſon caractère, ou qu'une fécondation fortuite de quelque eſpèce indigène & dure aura marqué d'un ſceau particulier ; en ſorte que l'individu né de cette ſemence heureuſe ſera une variété diſtincte, & deviendra la tige d'une race nouvelle, d'une race dont la parfaite harmonie avec la température pourra l'aſſimiler aux plantes indigènes.

Les végétaux peuvent, en uniſſant leurs ſexes, changer leur eſpèce & produire des variétés ; nous n'en ſaurions avoir le moindre doute. Nous avions un giraumon figuré en bouton applati, dont les branches courtes & droites ſe raſſembloient en buiſſon ; l'ayant planté près d'un rang d'autres giraumons à fruits longs & à branches étendues & divergentes, quoique nous n'ayons recueilli & semé l'année suivante que les pépins de la première espèce, nous la vîmes par-tout défigurée dans les individus qui en provinrent : la plupart montroient une figure allongée & étendoient de grands bras. Il ne s'y trouva que deux plantes qui eussent conservé, sans altération, la figure de l'espèce-mère, & où l'on ne put reconnoître quelque trace de communication avec les autres.

De ces plantes folles, & pour ainsi dire libertines, l'on ne peut tirer que des variétés fugitives, que l'on verra toujours se dissiper & disparoître, si on les cultive dans le voisinage des autres, & qu'on les multiplie par les semences; pour les contenir, pour les arrêter, si on en avoit trouvé quelqu'une qui en valût la peine, il la faudroit isoler &

ſéqueſtrer, ou bien, la condamnant à un célibat perpétuel, ne la propager que par les boutures, les racines, les marcottes, comme on le pratique pour certaines fleurs & pour une eſpèce de chou.

A l'égard des arbres & des plantes ligneuſes, quelque variété utile une fois découverte, on la peut multiplier, fixer & améliorer encore par le ſecours de la greffe. Si c'eſt une herbe ou un grain de l'ordre des végétaux, dont les variétés ne ſemblent ſe former que par une culture riche & ſuivie, il ſuffira de la lui continuer; mais ſi l'on n'eſt pas encore pleinement ſatisfait de ces arbres & de ces plantes, ſi l'on veut tenter de nouveau la libéralité de la Nature, leurs ſemences & celles de leur génération, qu'on ne ceſſera de faire éclorre avec tous les ſoins d'une incubation féconde & appropriée, pourront dans la ſuite donner naiſſance à quelque race encore plus utile & plus acclimatée.

La laitue hivernale, le chou-fleur dur, le chou d'hiver, la même ſemence de cyprès qui donne des individus tendres à la gelée, & d'autres qui le ſont moins, un alaterne obtenu de graine dans nos pépinières, qui eſt bien moins ſenſible au froid que les autres; l'arbouſier d'Irlande, parfaitement reſſemblant à celui d'Italie, mais infiniment plus dur; les animaux acclimatés; l'âne, la poule d'afrique, le paon, le coq-d'inde, la race des moutons de Suède, originaires de Barbarie, tranſportée, croiſée ſucceſſivement en Eſpagne & en Angleterre, nombre d'autres faits que nous pourrions citer, fondent l'eſpérance du ſuccès de ces épreuves.

La *dégénération* n'eſt autre choſe que ces changemens ſucceſſifs que ſubit une eſpèce, qui l'altèrent, la modifient, la recompoſent, la rabaiſſent au ton du climat, & lui font prendre le niveau des races indigènes ; mais on gagne à ces changemens auſſi ſouvent qu'on y perd ; une nouvelle atmoſphère, un ſol plus riche, une température plus douce, plus égale, *régénère*, embellit, améliore l'eſpèce ; il ſuffit de l'abandonner à ſes heureuſes influences, & dans des circonſtances oppoſées on peut, en conduiſant de l'œil ces tranſmutations, en y faiſant concourir tous les agens convenables, rendre les pertes les moindres poſſibles, ou bien les compenſer par de nouveaux avantages, en multipliant les grains, ou en les adaptant à des uſages nouveaux.

Le ſep de Bourgogne, tranſporté au Cap-de-bonne-Eſpérance, où il donne un jus ſi différent & ſi délicieux, la pêche originaire de Perſe, médiocre, &, dit-on, mal-ſaine en cette contrée, adoucie, abreuvée, moulée, parfumée, enflée & diverſifiée à l'infini ſous la main de nos Cultivateurs ; quelques - uns de nos légumes tranſportés en Amérique, qui y ont pris du volume & ſont devenus plus tendres & plus ſucculens, tant d'autres faits que nous pourrions rapporter, viennent à l'appui de notre première aſſertion.

Et quoique l'altération produite par le climat puiſſe détériorer l'eſpèce, ſouvent ce n'eſt pas au point d'en ôter tout le prix ; le café, transporté de l'Yémen dans l'Iſle-Bourbon & à Madagaſcar, ne s'y trouve pas ſi dépourvu de qualité qu'il n'ait pu y former une branche de commerce conſidérable ; il ſe peut auſſi qu'une plante dégénère dans une de ſes parties, ou dans une de ſes qualités, & qu'en d'autres elle s'améliore. Le chêne qui croît en Provence eſt moins haut que dans les contrées du Nord, mais ſon bois eſt plus dur : l'épicca qui vient ſur les ſommets les plus élevés des Alpes, le noyer planté ſur les rochers, quoique déplacés, dégradés, méconnoiſſables, ne laiſſent pas de fournir un bois plus précieux que celui des mêmes arbres dans les terreins qui leur ſont propres. Le bled de Sybérie n'eſt qu'une variété du ſeigle; mais il ſe contente des ſols les plus âpres & les plus froids; on en fait en ſix ſemaines la ſemaille & la récolte: il eſt donc d'une grande utilité dans ces contrées glaciales, où la Nature expirante permet à peine à la végétation deux mois d'activité.

Combien de variétés utiles qui exiſtent en certaines contrées encore à notre inſçu; combien que cachent les déſerts, ou qui ſont peut-être écloſes ſous nos yeux, ſans que nous ayons ſu les voir & en profiter? Et quel champ immenſe on pourroit ouvrir à de nouvelles découvertes avec plus de lumières & d'attention? Pour qui ne réfléchit pas à la perpétuelle agitation de la matière organisée, à son penchant à produire, à sa perfectibilité, à ses transmutations sans nombre, à tant de nouveaux moules qu'elle forme & qu'elle prodigue sans cesse; aux yeux de celui-là seul, nos acquisitions pourront paroître immenses; mais frappé de ces phénomènes, que l'on compare l'inventaire de ce que nous possédons avec le prodigieux nombre d'années qui se sont écoulées depuis que la terre est soumise à la main de l'homme; étonnés alors & confus de notre indigence, au prix des richesses que nous aurions pu créer, ou que nous avons laissé échapper, on se convaincra que cette main plus savante, plus laborieuse, plus ardente à la poursuite de nouveaux biens, en auroit obtenu mille fois davantage qui lui sont réservés dans les trésors de la Nature & de l'industrie.

Nous ignorons l'origine de nos fruits,

de nos grains, de nos légumes, c'eſt qu'ils ne ſont point nés ſous des yeux éclairés & attentifs; c'eſt que uulle direction, nul deſſein n'a préſidé à leur formation; le haſard ſeul a ſauvé leurs germes du néant où notre inattention les laiſſe depuis tant de ſiécles rentrer en foule dès leur naiſſance.

Pour ne parler que des fruits, a-t-on les moindres faits qui puiſſent ſervir à leur hiſtoire? Sait-on ſeulement de quel lieu on les a tirés, de quelles eſpèces ils ſont provenus? preuve certaine que ſi on les a trouvés, on ne les avoit point cherchés.

Nous ne ſemons des fruitiers que depuis peu d'années, dans la vue d'obtenir de nouvelles eſpèces, & ſans nous en être fait encore un travail ſuivi; cependant nous avons déjà vu paroître pluſieurs variétés précieuſes; une fort bonne cerife de couleur lilas, marbrée de violet, nous eſt venue d'un noyau de la ceriſe blanche oblongue. Le maron de Lyon nous a donné un individu dont le fruit eſt de bonne groſſeur, & mûrit très-bien dans notre froide Province. La groſſe noix royale a le défaut d'avoir une coque fort dure, une petite amande & de mauvais goût : ayant formé le deſſein d'obtenir une noix auſſi belle, mais plus pleine & meilleure, nous avons planté les plus groſſes d'entre les noix meſanges; & dans un très-petit nombre d'individus, nous en avons gagné un très-fertile, dont la noix eſt égale en groſſeur aux plus groſſes d'entre les noix royales, mais plus allongée, & dont le bois très-mince, très-tendre, enferme une très-groſſe amande d'un très-bon goût.

Le raiſin appelé verjus, délicieux au Midi de la France, où il acquiert toute ſa maturité, n'y peut parvenir, comme on ſait, dans les provinces du Nord;

mais un de ses pépins vient de nous donner une variété connue sous le nom de vigne aspirante, dont le raisin excellent & semblable au verjus, mûrit bien dans nos climats, & dont les sarmens vigoureux s'élancent avec une vigueur étonnante, & garnissent, en fort peu de temps, les plus hauts murs.

Nous avons employé assez indistinctement les mots de variété, de race & d'espèce ; c'est qu'en effet ils ne représentent pas des divisions bien distinctes : les variétés sont plus ou moins variables ; les unes, comme les grains, ne viennent, suivant toute apparence, que d'une culture féconde & long-temps continuée ; si on les négligeoit quelque-temps, on les verroit se dépouiller de leur caractère & de leurs avantages ; pour prévenir leur dégénération, on est même contraint d'en changer la semence au bout de quelques années ; d'autres variétés provenues de la copulation de plantes analogues ſont tellement enclines à contracter de ſemblables alliances, qu'on les voit ſans ceſſe ſe jouer ſous mille formes nouvelles, & qu'on ne peut qu'avec beaucoup de peine les perpétuer ſans altération ; la plupart de nos fruits en offrent de moins changeantes, quelques-unes mêmes ſont très-arrêtées : la prune d'alteſſe, la ſainte-catherine ; deux ou trois pêches, l'abricot-alberge, &c, ſe perpétuent par les noyaux, preſque ſans variation ; ce ſont de véritables eſpèces pour ceux qui veulent, non ſans raiſon, que l'on reconnoiſſe à cette épreuve le caractère ſpécifique ; ce n'en ſera plus pour le Botaniſte qui prend ce caractère des différences bien marquées dans la forme des feuilles ; mais y a-t-il des eſpèces abſolument invariables ? Il faut bien que non, puiſqu'il ne s'en eſt pas trouvé une ſeule dans le nombre de celles que l'homme manie depuis long-temps, qui n'ait changé par les ſemences; & ſi l'on a vu naître d'une plante une variété dont les feuilles très-différentes lui mériteroient le nom d'eſpèce de la part du Botaniſte, & dont la ſtabilité dans l'épreuve des ſemis lui vaudroit le même honneur de la part du Cultivateur, comme le fraiſier de Verſailles, iſſu du Capron, & comme pluſieurs plantes nouvelles nées dans les jardins d'Upſal avec ce double caractère, n'eſt-on pas en droit de penſer qu'il ſe forme de temps à autres des races nouvelles? Il y auroit donc pluſieurs ordres de variétés, & pluſieurs ordres d'eſpèces, & entre ces nuances, on ne ſauroit guère où placer une borne; quoi qu'il en ſoit, ces faits nous prouvent l'immenſe richeſſe de la Nature, & nous doivent engager *toujours plus* à ſolliciter ſa généroſité.

Jusqu'à présent, bornés aux seules espèces qu'un heureux hasard a, pour ainsi dire, jetées devant nos yeux, ou que nous avons reçues de différentes contrées, nous n'avons nullement songé à en tirer de nouvelles du fonds inépuisable de la propagation végétale. Abandonnées à elles-mêmes, ces forces productrices sont demeurées, le plus souvent, languissantes & inactives : si quelquefois, à la faveur d'une cause agissante & ignorée, elles ont répandu & fait foisonner les germes autour de nous ; faute de soin & d'incubation, ils n'ont pu éclorre & se développer : emparons-nous donc de ces forces, & joignons-y les nôtres ; veillons sans cesse auprès d'elles, pour entrer dans leurs secrets, pour les favoriser, pour les conduire, au moins pour amasser les trésors qu'elles dispersent ; & n'ayons pas à nous reprocher d'avoir laissé éteindre dans la ſemence quelque utile génération. Reprenons ſous œuvre toutes les races connues, conſtatons leur généalogie, ne négligeons rien pour en multiplier, en modifier, en varier, en améliorer les germes; à travers toutes les nouvelles formes dont ils ſe vont revêtir à nos yeux, cherchons à démêler un procédé ſimple & unique, qui ne fait peut-être que ſe combiner avec divers accidens qu'on peut ſaiſir, connoître & préparer; ſuivons à la trace la Nature végétale dans ſes voies les plus cachées; en un mot, faiſons-nous une étude ſpéciale de ſa réproduction, de ſes transformations & de ſon perfectionnement.

Pourquoi ne s'élève-t-il pas des Sociétés qui ſe propoſent une telle carrière, où il ne s'agit pas de moins que d'une nouvelle création? Carrière immenſe, qui, n'ayant d'autres bornes que celles de la faculté productive de la matière organisée, & des lumières progressives du genre-humain, bien loin de pouvoir s'enfermer dans les limites de la vie d'un Individu, ne peut être embrassée que par une Compagnie perpétuelle ? Elle n'exige pas moins une invariabilité d'établissement qui ne peut se trouver dans les héritages, qu'on voit sans cesse se partager, se dilapider, changer de mains & de formes, & qui emporteroient dans leurs révolutions tout cet appareil, toute cette tradition d'expériences, dont une suite infinie & non-interrompue peut seule nous assurer les lumières & les biens que nous cherchons.

Ce travail demande encore un espace & des frais considérables, qui ne sont point à la portée du commun des Propriétaires. Pour les riches Citadins qui trouvent si doux de s'emparer des fruits, des labeurs communs sans y rien mettre du leur, & qui, semblables aux animaux

de

de proie, détruisent & consomment sans rien reproduire, peut-on leur proposer de se transporter, par la pensée, dans un profond avenir, d'y jouir par anticipation des biens préparés à notre dernière postérité, eux qui ne connoissent de jouissance que celle des sens, & d'existence que celle du moment?

Il seroit donc nécessaire que ces Sociétés reçussent de puissans secours du Gouvernement; les peut-il accorder à de plus grandes vues? Ce sont les siennes, ou du moins ce les doit être. Centre & foyer de l'État, c'est lui qui doit donner le mouvement à toutes ses parties, les pénétrer de chaleur, les environner de lumières. Ce n'est plus le temps où une politique destructive lui faisoit sans cesse tout absorber, sans songer aux remplacemens & aux accroissemens: réproducteur & créateur, nous le verrons désormais épancher en utile rosée sur nos terres ce qu'il en a tiré d'abord ; comme on voit un nuage ne pomper l'humidité des plaines que pour l'y reverſer par des pluies bienfaiſantes.

Il daigneroit donc accorder à ces Sociétés, des terreins étendus en des lieux qui raſſemblent une grande diverſité de ſols, de poſitions & d'aſpects, & à portée de toutes les eſpèces d'engrais des trois règnes. Il faut un emplacement conſidérable pour planter, réunir, aſſocier, marier, & gonfler de ſucs organiques, par une culture très-nourriſſante, les arbres & les plantes-mères dont les alliances fortuites & l'exubérance générative doivent donner l'être à ces ſemences heureuſement fécondées, dont on attend des variétés & des races nouvelles ; l'eſpace deſtiné à cette colonie eſt peu de choſe en comparaiſon de celui que demande ſa nombreuſe génération. Il faut d'abord un endroit pour y ſemer toutes les graines de tous les colons : il ne faut pas laisser perdre un seul individu né de ces semences, car c'est peut-être celui-là qui auroit montré dans la suite quelque qualité distinctive : il faut donc les cultiver tous, les connoître tous, les examiner sans cesse dans le développement successif de toutes leurs parties, les ranger, les étiqueter, les attendre dans une batardière qui doit être immense; ils y doivent être plantés à quatre ou cinq pieds, en tous sens, les uns des autres; en un mot, à une distance capable de favoriser assez leur végétation pour leur faire bientôt découvrir par des fleurs & des fruits, les heureuses différences dont ils peuvent être doués. On pourroit, à l'égard des fruitiers, avancer ce moment de plusieurs années. Il faudroit avoir un terrein planté en coignassiers à petites feuilles pour les poiriers, pour les pommiers en paradis, en mahaleb pour les cerisiers, en pêchers de noyaux des plus petites espèces pour les abricotiers, pruniers, amandiers & pêchers. Trois pieds entre les arbres & les lignes de cette nouvelle pépinière, seroit une distance suffisante. Dès la troisième année, après la germination, on grefferoit chaque individu sur un de ces sujets dont la croissance médiocre, la foible stature, & partant le prompt rapport, leur communiquant cette qualité, les obligeroit dès la seconde ou troisième année de greffe, à déclarer leur caractère propre & individuel.

Le travail que nous proposons auroit plusieurs branches; nous ne bornerons pas nos vues quand notre sujet s'étend toujours plus à nos yeux; d'abord on remanieroit toutes les espèces de grains connus; par l'abandon & la stérilité, on les reconduiroit à leur dernier période de dégénération : peut - être par cette marche on parviendroit à connoître les plantes naturelles & agrestes, dont le rhabillement, l'embonpoint, le perfectionnement les a fait ce qu'ils sont; après les avoir ainsi décomposés, on les recomposeroit au moyen d'une longue & fertile culture, & cette opération synthétique confirmant l'analyse, acheveroit la preuve d'un fait si important à découvrir & à démontrer: ces plantes élémentaires connues, on en pourroit trouver de semblables ou d'analogues que cachent les bois & les déserts; & avec les mêmes soins, rien n'empêche de croire qu'on en formeroit de nouvelles espèces de grains, que l'on verroit peut-être déceler quelque utilité particulière : on soumettroit aux mêmes épreuves les herbages & les légumes; on les prendroit ensuite du point de perfection où ils se trouvent ainsi que les grains, les fruitiers, & toutes les plantes utiles, pour les retravailler, les repaîtrir & les perfectionner encore.

Le moindre changement en bien arrivé dans quelque individu, seroit observé avec attention ; cet individu seroit séparé, distingué, soigné, chéri, comme pouvant devenir la tige de quelque race précieuse ; par tous les moyens déjà indiqués, on chercheroit à fixer, à étendre ce foible principe de perfection & d'*acclimatement*, & à le porter au plus haut période où il pût atteindre.

On tiendroit un registre exact de toutes les expériences & de toutes les circonstances naturelles ou artificielles qui ont pu accompagner, modifier la fécondation des germes, & favoriser leur développement.

Cette dernière tâche a bien des parties qu'il est bon de récapituler : la culture & l'amendement des plantes-mères ; le mariage des fleurs ; la préparation des graines en différentes liqueurs ſalines ; la culture & l'amendement des individus qui en ſont nés ; leur amélioration par la culture & par les greffes ; des eſſais pour corriger nos bons fruits connus, de certains défauts qui diminuent leur mérite & leur ſalubrité, méthodes qui ſerviront pour perfectionner les nouveaux fruits qui naîtroient dans nos ſemis ; enfin des tentatives pour acclimater les végétaux utiles, & pour en tirer des variétés & des races appropriées aux différentes températures, & ſur-tout plus dures au froid.

Et comme le paſſage inſenſible par une progreſſion de dégrés de température, eſt un des moyens les plus naturels de réuſſir en cette dernière partie, on établiroit à des diſtances à-peu-près égales, des échelles de colonies & de pépinières, depuis les Iſles d'Hières juſqu'à Strasbourg (*c*) ; on engageroit les Directeurs de ces établissemens à tenir un journal météorologique exact, qui pût un jour découvrir l'humidité, le froid & le chaud moyens de chacun de ces endroits, qui dépend plus de la configuration & de la nature du terrein que de la latitude.

A la tête de ce journal & du registre des expériences, on placeroit une description topographique, & une analyse chimique des différentes terres du canton. On auroit trois points connus, la latitude, le climat de situation & la nature du sol, qui serviroient à faire cheminer avec plus de nuances & plus de sûreté les plantes acclimatées dans chacun de ces lieux qu'on voudroit pousser vers le Nord ou vers le Midi, pour tâter leur docilité & en connoître les bornes; arrêtées dans leur marche directe, on les feroit passer par les lignes transversales; & la France supposée partagée en un certain nombre de zones, chacune ſe trouveroit enrichie d'un ſurcroît de plantes exotiques utiles. Les races nouvelles & appropriées à la température, qu'on obtiendroit par la voie des ſemis ſucceſſifs des plantes en expériences, ſe trouvant acclimatées dans la fécondation même, & d'une manière plus arrêtée & plus inhérente à leur conſtitution, pourroient, par conſéquent, être conduites plus loin; & au bout d'une longue ſuite d'années, lorſqu'on aura obtenu de ces races précieuſes dans toutes les colonies de notre échelle, il s'en faudra peu que toutes les eſpèces, ou du moins leurs analogues, ne ſe trouvent répandues dans tout le Royaume.

Ces opérations, ces expériences multipliées, ſuivies, variées en différens ſols, en différentes ſituations, ſous diverſes températures, recueillies, rangées, confrontées, raiſonnées, fondues dans un corps d'ouvrage, ne pourroient manquer de jeter un grand jour sur les voies de la Nature dans la dégénération & la régénération des plantes, le jeu des variétés, la formation des races, & de montrer dans ces métamorphoses sans nombre, dans ces améliorations progressives, l'étendue de sa puissance productrice & de sa prodigue magnificence.

Ces lumières venant à réfletter sur les nouvelles épreuves que l'on voudra tenter ensuite, & se mêlant à l'esprit conjectural qui les guida d'abord, pourront un jour former une théorie, & peut-être nous mettre en état de diriger ces forces motrices vers des buts désignés, & d'opérer à volonté de nouveaux développemens & de nouvelles créations.

Ainsi l'homme se rendroit maître des ressorts secrets de la végétation, une ſeconde fois il changeroit la face de la terre, peut-être auſſi éloignée de ce qu'elle pourra devenir, que de ce qu'elle étoit au ſortir du chaos : & qui ſait ſi nous ne paroîtrons pas à demi-ſauvages à l'homme futur qui aura tout amélioré, tout épuré, tout régénéré, qui promenera ſes regards ſur ſes ouvrages, ſur cette terre jeune & belle, où il verra l'abondance briller ſous mille formes nouvelles, & qui du ſein de cette demeure ſi riante, ſi ſaine, ſi riche, élevant les yeux vers les demeures ſuprêmes, ſe glorifiera dans le premier Moteur, qui ne peut mieux manifeſter ſa puiſſance ſur ce globe de pouſſière, qu'en montrant toute la perfectibilité de la Nature étendue par celle dont il a doué le Chef de ſa création mortelle. Telle eſt la longue & ſuperbe perſpective qu'offre à nos yeux le projet de tranſplanter, d'acclimater, de ſemer, de reproduire, lorſqu'une forte envie de le réaliser, & une entreprise sérieuse & perpétuée en aura fait une science & un art par les lumières de l'expérience & de la réflexion.

NOTES.

(a) Il y a trois ans que ce Mémoire est écrit. Il est tiré d'un travail sur la Botanique théorique & pratique que j'ai fait dans les Supplémens au Dictionnaire des Sciences : il doit être imprimé depuis environ deux mois, dans le quatrième Volume, au mot *Transplantation*. Mais comme différentes personnes à qui je l'ai lu l'hiver dernier, m'ont persuadé qu'il contenoit des choses utiles, j'ai cru devoir le faire imprimer à part, afin de le répandre davantage. J'essayerai dans la suite de donner les développemens & les expériences qui viennent à l'appui des vues & des projets qui s'y trouvent ; détails qui n'auroient pu y entrer sans rallentir & embarrasser la marche du discours, que l'étendue & la fécondité du sujet devoient accélérer, afin qu'on pût, d'un même coup d'œil, en embrasser toutes les parties.

(b) S'il n'eſt pas plus difficile à la nature, aidée de l'induſtrie de l'homme, de produire un nouveau fruit, un nouveau légume, un nouveau grain, qu'une nouvelle fleur, d'améliorer l'un que d'embellir l'autre, combien cette analogie nous doit engager à multiplier nos tentatives pour augmenter le nombre, le volume & la bonté des plus utiles productions. Tout le monde ſait combien l'œillet, la renoncule, la jacinthe & la tulipe ſe ſont enrichis & variés ſous la main des Fleuriſtes; & quand leur travail ſi doux & ſi injuſtement ridiculiſé n'auroit ſervi qu'à mettre ſur la voie pour appliquer leur méthode à des recherches plus importantes, on leur auroit beaucoup d'obligation, tant les plaiſirs innocens tiennent aux plaiſirs utiles.

Nous ne citerons que deux exemples du perfectionnement des fleurs. Bien des gens ignorent ce qu'étoient la renoncule & l'œillet originels; mais tout le monde peut s'aſſurer de l'exiſtence de la jacinthe-mère: on en trouve des tapis dans les fonds du bois de Verſailles. On ne verra qu'une fleur aſſez chétive, ſimple, à petits calices, & uniment colorée d'un bleu tirant ſur le violet. Qu'on conſulte enſuite le catalogue immenſe des jacinthes de Harlem, où il s'en trouve du prix de mille écus, & l'on se convaincra de ce qu'a pu sur cette fleur une culture savante & suivie. Nous n'avons pas sous les yeux la tulipe première; mais on verra encore à Versailles, chez un des plus habiles Fleuristes de l'Europe, ce que cette fleur a gagné entre ses mains. Il montre une planche où sont rangées les plus belles tulipes anciennes : à côté on en voit une autre qui contient les plus belles de celles qu'il a obtenues. Elles ont sur les autres des avantages bien marqués. Les baguettes sont plus hautes, le vase est plus grand & plus ouvert; il a plus de grace dans son renflement, dans son rétrécissement gradué, & dans la manière dont le bout des pétales se penche en volute. Les bandes colorées sont plus nettes & plus terminées, les fonds d'une teinte plus franche & plus égale : on y voit paroître de nouvelles couleurs; au lieu de deux ou trois teintes, on y en compte au moins quatre ou cinq. Enfin les ombres qui n'étoient que rembrunies, sont d'un pourpre dont l'extrême intensité les fait paroître noires : mais voici le plus important. Le grand défaut de la tulipe ancienne, non pas pour l'insecte qui en foule l'or & la pourpre, & qui en fait son palais, mais pour nos yeux qui se portent d'abord sur son extérieur, étoit que les couleurs à demi éteintes, n'y paroiſſoient être que l'envers & le tranſparent de celles qui brillent pures & vives dans ſon intérieur. Les tulipes de notre Fleuriſte ont déjà preſque entièrement perdu ce déſavantage. Il s'en faut bien peu que le dehors des pétales ne préſente un coloris auſſi éclatant que le dedans. J'avoue que, juſqu'au moment où j'ai vu ces belles plates-bandes, je n'avois qu'une foible eſtime pour le goût & l'art du Fleuriſte. Je trouvois aſſez petit de ſe circonſcrire dans le diſque d'une fleur; j'en ai à préſent toute une autre idée. Je vois dans cette eſpèce de Cultivateur un homme qui ſe rend maître de la Nature, pour la perfectionner & l'embellir. Il me paroît qu'un beau coup de pinceau donné à une de ſes plus agréables productions, & que la végétation doit à jamais régénérer, vaut bien les enluminures d'un jour que les arts font trop ſouvent paſſer ſous nos yeux.

(*c*) En s'occupant des vues qui doivent procurer le bien de l'humanité, il eſt naturel de penſer aux obſtacles ou aux facilités qu'il peut rencontrer dans l'exécution. La première idée, quand elle nous obſède, vient refroidir & gâter notre travail. Combien, au contraire, l'eſpoir de voir exécuter un projet utile, donne à ſon auteur une noble assurance, & à son cœur un mouvement doux & égal qui pénètre son style d'une chaleur vraie & continue. C'est ce qui arrive dans ce moment-ci à tout écrivain qui s'occupe de l'avancement des beaux-arts sous la protection & la direction d'un Citoyen qui les connoît, les chérit & les honore. L'Artiste qui saisit le pinceau, le ciseau ou l'équerre, pense à lui, & se sent inspirer bien mieux qu'on ne feint de l'être par une Divinité poétique. C'est pourtant un beau mystère de Mythologie, d'avoir donné au Dieu des beaux jours le soin des beaux arts. Le Citoyen vertueux & éclairé qui en garde le dépôt, sait trop classer les choses dans l'ordre de leur importance pour ne pas l'imiter. Il répand la chaleur & la vie sur la Nature, avant de porter l'éclat de sa lumière sur les arts qui en présentent le choix & l'imitation; & quand j'ai cru ouvrir à ses yeux une nouvelle carrière, en proposant d'agrandir la Nature & de la perfectionner, il est bien satisfaisant de penser que cette idée n'est que le développement d'un de ses apperçus, & qu'il se servira du pouvoir qui lui est confié pour en réaliser les avantages.

FIN.

www.ingramcontent.com/pod-product-compliance
Lightning Source LLC
LaVergne TN
LVHW050455160826
845677LV00003B/790

* 9 7 8 2 3 2 9 6 6 2 6 1 9 *